AF451550

Extrait des Mémoires des Sciences Phisiques et naturelles.

EXAMEN D'UN AGNEAU DOUBLE

CONSTITUANT UN GENRE NOUVEAU (1);

Par M. Marius LACAZE.

M. Jules Berdoulat a envoyé, le 26 janvier dernier, à la Société un agneau monstrueux, né sur sa propriété, située dans la commune de Miremont (Haute-Garonne).

Pour vous conformer au désir qu'il vous avait exprimé, vous avez soumis cet agneau à notre examen, et nous venons aujourd'hui vous faire connaître le résultat de nos recherches.

Les variations des types spécifiques sont très-fréquentes ; on les remarque surtout chez l'homme et chez les animaux domestiques. Au nombre de ces variations, il en est qui ne nuisent en rien à la vie ; d'autres, au contraire, qui gênent ou rendent impossible le jeu d'un ou de plusieurs organes : les premières portent le nom d'*anomalies ;* on appelle les secondes des *monstruosités*, et celles-ci peuvent être simples ou composées. C'est dans cette dernière catégorie que se place notre agneau, et, disons-le tout d'abord, il offre un des cas tératologiques les plus remarquables.

____

(1) Voir les planches.

Nous ne nous arrêterons pas aux idées absurdes et aux superstitions qui ont régné dans l'antiquité et dans le moyen âge sur les anomalies et les monstruosités animales. Nous savons, d'une manière certaine, que ces anomalies et ces monstruosités sont soumises à des lois parfaitement déterminées et que l'ignorance seule avait pu les faire considérer comme des manifestations de la vengeance divine, ou comme les produits d'accouplements plus monstrueux encore que les êtres auxquels ils étaient censés donner naissance.

Nous laisserons donc de côté tout ce qu'ont écrit les auteurs anciens et ceux du moyen âge sur les questions que soulève notre monstre, et nous l'examinerons en nous inspirant des données actuelles de la tératologie, science toute nouvelle, due surtout aux beaux travaux d'Etienne et d'Isidore Geoffroy Saint-Hillaire.

Après que nous aurons décrit et classé l'agneau qui fait l'objet de notre travail, nous rechercherons qu'elles sont les causes des anomalies et des monstruosités considérées d'une manière générale.

Un examen purement extérieur de notre monstre nous a permis de reconnaître qu'il était formé de deux sujets du sexe masculin, soudés depuis l'ombilic jusqu'à la partie supérieure du thorax.

On distinguait, en effet, deux têtes et deux cous libres et bien conformés, un seul thorax, portant quatre membres : deux de ces membres placés aux deux côtés d'une des faces thoraciques, ne présentaient rien de particulier, mais il n'en était pas de même des deux autres : ceux-ci, situés à l'opposé, se trouvaient sur un plan horizontal inférieur et étaient arrangés de telle façon qu'ils se touchaient supérieurement et se croisaient inférieurement. Enfin, à partir de l'ombilic, on voyait deux trains postérieurs parfaitement réguliers.

Voilà ce qu'un simple coup-d'œil jeté sur le monstre nous a appris. Voyons maintenant ce que nous a révélé la dissection.

Parlons d'abord du squelette.

Les crânes n'offraient rien à noter, si ce n'est que l'un était plus court, plus arrondi que l'autre; les vertèbres cervicales étaient normales; il en était de même des dorsales, des lombaires, des sacrées et des caudales.

Il n'existait qu'un seul thorax très-vaste, formé par la réunion des thorax des deux individus, qui étaient restés ouverts, et dont les côtes s'étaient réunies par l'intermédiaire des sternums.

Il entrait, en effet, dans sa composition, quatre séries de côtes, deux colonnes dorsales et deux sternums qui, quoique simples en apparence, étaient doubles, en réalité, chaque sujet composant ayant contribué pour moitié à leur formation.

Ces sternums, comme il est facile de le comprendre, occupaient par rapport au monstre une position latérale.

La plupart des pièces qui composaient ce double thorax offraient dans leurs formes, leurs longueurs ou leurs directions des anomalies qu'il est important de signaler.

Ainsi, l'un des sternums, placé verticalement dans le même plan que l'axe d'union, était, dans sa partie inférieure, recourbé en dedans; l'autre se trouvait aussi sur ce plan à son extrémité supérieure, mais il s'en éloignait bientôt en décrivant vers la gauche une courbe dont la concavité était en rapport avec une série de côtes très-courtes, comparées aux côtes correspondantes qui avaient été obligées de s'allonger outre mesure pour rejoindre la partie convexe de ce même sternum.

La paroi thoracique que formaient ces côtes et ce sternum portait deux membres normaux et bien placés, quoique n'appartenant pas au même individu, et ressemblait, sauf sa déviation, due à la courbure du sternum, à une poitrine d'agneau bien conformé (*fig.* 1).

Les côtes, qui constituaient avec l'autre sternum la seconde paroi thoracique, étaient très-peu arquées, et toutes celles d'un des sujets, surtout les supérieures, étaient plus courtes qu'à l'ordinaire et fortement inclinées. La colonne vertébrale et le sternum avec lesquels elles étaient en rapport se trouvaient très-rapprochés, et cet individu était ainsi jeté, d'un côté, sur celui avec lequel il était uni et tournait la tête en dehors vers la poitrine dont nous avons déjà parlé.

La paroi thoracique qui nous occupe actuellement portait aussi deux membres, fournis chacun par un sujet différent ; mais ces membres, au lieu de se trouver de chaque côté de cette paroi, étaient venus se conjoindre sur la ligne médiane. Voici comment se présentait cette anomalie de disposition :

Les deux omoplates étaient placées obliquement, et leurs cavités glénoïdes dirigées vers le bas, étaient si rapprochées, que les têtes des humérus se touchaient. Ce contact avait lieu vers le tiers supérieur du sternum (*fig.* 2).

Il est facile de comprendre que lorsque le monstre était encore revêtu de la peau, on ne voyait rien de ce côté qui ressemblât à une poitrine, on aurait cru plutôt à l'existence d'un dos.

Le système nerveux n'avait subi aucune modification importante.

Les muscles, les aponévroses et les ligaments nous ont offert quelques soudures que nous devons signaler.

Les muscles des omoplates et des humérus des membres dont nous avons indiqué la disposition vicieuse, s'étaient réunis et formaient une seule masse musculaire qui s'étendait jusque vers le milieu de ces humérus et les reliaient en les forçant à s'infléchir. De là, le croisement de ces membres que nous avons déjà constaté.

Une grande aponévrose recouvrait et maintenait cette masse musculaire.

Au niveau des dernières vertèbres cervicales, on remarquait un prolongement aponévrotique assez large qui réunissait les deux colonnes vertébrales et les amenaient au contact.

Enfin, un ligament unique, mais qui devait être formé de deux moitiés, fixait si bien les têtes des humérus dont nous venons de parler, qu'on aurait pu les croire ankylosées.

La grande cavité thoracique résultant de la réunion des deux thorax, contenait deux paires de poumons et deux cœurs avec leurs vaisseaux artériels et veineux. Une vaste séreuse séparait et enveloppait ces organes. Les plèvres étaient distinctes, mais il n'existait qu'un seul péricarde dans lequel se trouvaient les deux cœurs, placés l'un au-dessus de l'autre. Les aortes étaient soudées sur une partie de leur longueur. Enfin, tous ses organes étaient reliés par du tissu cellulaire.

Inutile de dire que les trachées et les thymus étaient indépendants.

Chaque individu avait donc tous les organes thoraciques distincts ; mais tandis que ceux d'un des sujets étaient normalement développés, sauf le cœur qui présentait postérieurement un aplatissement considérable, ceux de l'autre, au contraire, étaient atrophiés : les lobes pulmonaires étaient très-étroits, rubanés, et le cœur de celui-ci qui, fait singulier, était aussi aplati postérieurement, n'était pas plus gros qu'une noisette. Les vaisseaux de ces poumons et de ce cœur étaient aussi atrophiés.

La cavité thoracique était séparée de la cavité abdominale par un vaste diaphragme, qui devait être composé de deux moitiés.

Au-dessous, nous avons trouvé deux estomacs parfaitement indépendants et bien conformés ; ils étaient chacun en communication avec un œsophage aussi libre.

Nous regrettons vivement que lorsque la Société reçut le monstre, il eut les abdomens ouverts, les organes qu'ils devaient contenir enlevés, sauf les estomacs, et un train postérieur détaché, car cela nous a mis dans l'impossibilité de voir comment s'était effectuée, au-dessous du diaphragme, la séparation des deux sujets, et de plus, de vérifier l'état dans lequel se trouvaient tous les organes abdominaux.

Nous avons demandé à M. J. Berdoulat des renseignements sur les causes de ces mutilations. Il résulte des explications qu'il nous a données à cet égard, qu'elles avaient été faites, à son insu, pour faciliter la parturition.

La brebis, qui portait le monstre, abandonnée d'abord à elle-même, s'était, pour s'en débarrasser, épuisée par des efforts stériles. La voyant près de succomber, les maîtres-valets de M. J. Berdoulat s'empressèrent d'intervenir. Ils saisirent le train postérieur d'un des individus, qui était d'abord sorti, et., après avoir exercé sur lui, sans résultat, une forte traction, ils le détachèrent et enlevèrent alors presque tous les organes abdominaux, non-seulement de cet individu, mais encore de l'autre. Ils parvinrent enfin, après avoir vaincu bien des obstacles, à amener le monstre au jour. Inutile de dire quel fut leur étonnement ou plutôt leur effroi en le voyant, et il n'est pas douteux que si un homme intelligent, M. J. Berdoulat, ne se fut trouvé là, il eut été rapidement enfoui et perdu ainsi pour la science.

Quand le monstre naquit, il était mort. Cette mort était certainement le résultat des mutilations qu'il avait subies, car le train postérieur, qui sortit le premier, avant d'être détaché, s'agitait vivement.

Si la parturition s'était effectuée naturellement, le monstre serait donc né vivant; mais nous pensons qu'il n'aurait pas tardé à périr, et nous basons notre pensée sur l'atrophie des organes thoraciques d'un des sujets et sur l'impossibilité où se fut trouvé l'autre, bien qu'il existât une communication entre les aortes, de se nourrir et de nourrir celui avec lequel il était uni.

La brebis n'a pas succombé à cette parturition laborieuse, mais des désordres graves en furent la conséquence, et ce n'a été que grâce à des soins intelligents et assidus qu'on a pu ramener chez elle la santé.

Pour terminer ce qui a trait à notre agneau, il nous reste à indiquer quelle est la place qu'il doit occuper dans les classifications tératologiques.

La pensée de classer les anomalies et les monstruosités animales ne vint, on le comprend, que lorsque l'on eut sur ces aberrations génésiques des idées saines et exactes.

Depuis cette époque, qui n'est pas très-éloignée de nous, de nombreux essais de classification ont eu lieu ; nous n'avons pas à les examiner ici. Nous dirons seulement qu'au nombre de ces travaux, il en est un, celui d'Isidore Geoffroy Saint-Hilaire, qui, à juste titre, fait autorité dans la science, et que c'est, dès lors, celui-là qui va nous servir de guide.

Nous ne nous occuperons pas des divisions établies pour les anomalies et les monstruosités simples et triples, car celles qui se rapportent aux monstres doubles nous intéressent seulement, et encore, parmi ces dernières, n'examinerons-nous que les groupes qui ont trait aux monstres doubles supérieurement et inférieurement, puisque notre agneau se trouve dans ce cas.

Les monstres doubles, supérieurement et inférieurement forment, d'après Isidore Geoffroy Saint-Hilaire, deux familles : les *Eusomphaliens* (1) et les *Monomphaliens* (2).

Chez les eusomphaliens il existe un ombilic pour chaque sujet composant, tandis que chez les monomphaliens on n'en rencontre qu'un seul pour les deux sujets.

Ces familles comprennent divers genres.

Bien que les abdomens de notre monstre eussent été ouverts et les organes qu'ils renfermaient, sauf les estomacs, enlevés au moment où il nous fut remis, il nous a été possible, de constater, en rapprochant les parois abdominales, qu'il n'existait qu'un seul ombilic pour les deux sujets. L'agneau que nous examinons rentre donc dans la famille des monomphaliens.

Mais à quel genre de cette famille appartient-il?

Avant de répondre à cette question, nous allons résumer dans un tableau synoptique les caractères distinctifs des genres qui composent la famille des monomphaliens.

---

(1) *Eusomphaliens*, δ'ευ ou ευς bien, ομφαλός ombilic.
(2) *Monomphaliens*, de μονος seul, unique, ομφαλός ombilic.

MONSTRES DOUBLES MONOMPHALIENS.

ISCHIOPAGE (1)	Réunion pelvienne des 2 individus.
XIPHOPAGE (2)	Union sus-ombilicale, comprenant la région supérieure de l'abdomen et une portion plus ou moins étendue du thorax.
STERNOPAGE (3)	Association de deux individus joins face à face, depuis l'ombilic jusqu'à la partie supérieure de la poitrine : les deux parois thoraciques offrent, sauf quelques différences de forme et de disposition, le même aspect que la poitrine d'un sujet ordinaire: 4 membres thoraciques normaux et bien situés.
ECTOPAGE (4)	Les deux sujets sont placés à peu près à angle droit, ayant tous deux la face tournée du côté de la plus grande paroi thoracique : rachis peu éloignés, postérieurs par rapport à l'être double : inégalité des deux parois costo-sternales : quatre bras, deux placés aux deux côtés de la grande paroi thoracique et disposés normalement quoique n'appartenant pas au même individu : les deux autres situés postérieurement et ordinairement plus petits et plus grèles que les autres sont très-rapprochés l'un de l'autre, et quelquefois portés au contact sur la ligne médiane et alors ils se soudent.
HÉMIPAGE (5)	Les deux sujets sont réunis latéralement sur toute l'étendue du thorax et du cou et jusque près des mâchoires.

(1) ισχίόυ, ischion ; πα γις, uni, formé de plusieurs parties.

(2) ξιφος, épée, (appendice xyphoïde).

(3) στερνον, sternum, poitrine.

(4) ιχτός, dehors, en dehors.

(5) ημι, demi.

La terminaison *page* qui entre dans les noms de chacun de ces genres, indique que les montres sont doubles supérieurement et inférieurement.

Quand on veut désigner les montres qui ne sont doubles que supérieurement on emploie la terminaison *dyme*, de διδυμος, double.

Et enfin, pour indiquer les monstres doubles inférieurement, on a recours à la terminaison *adelphe*, de αδιλφος, frères.

Si nous rapprochons des caractères distinctifs de ces genres les particularités anatomiques du monstre qui nous occupe, il nous sera facile de constater qu'il ne peut être placé dans aucun de ces genres, mais qu'il tient le milieu entre les sternopages et les ectopages.

Et en effet, comme les sternopages, il a un double thorax régulier quant à sa composition, puisqu'il comprend deux sternums, deux colonnes dorsales et quatre séries de côtes ; mais il s'éloigne des sternopages et se rapproche des ectopages en ce que l'une des parois thoraciques, quoique divisée, ressemble à une poitrine d'agneau bien conformé, tandis que l'autre à l'apparence d'un dos.

Comme les sternopages, les quatre membres thoraciques sont chez lui bien développés ; mais deux seulement sont régulièrement situés : les deux autres étant supérieurement portés au contact. Cette dernière particularité est un des caractères des ectopages.

Enfin notre monstre offre encore comme caractères intermédiaires les particularités suivantes :

1° L'un des sujets regarde dans la direction de l'axe d'union, tandis que l'autre porte la tête en dehors du côté de la poitrine la mieux conformée ;

2° Les deux membres thoraciques mis en contact ne se sont pas soudés, contrairement à ce qui a lieu chez les ectopages qui présentent cette anomalie ;

3° Enfin, les colonnes vertébrales se touchent à la base des cous.

L'agneau monstrueux que nous examinons établit donc bien le passage entre les sternopages et les ectopages ; aussi avons-nous pensé que pour nous conformer aux règles de la tératologie, nous ne devions le faire entrer ni dans l'un ni dans l'autre de ces genres, mais que pour le classer, il nous fallait en créer un nouveau intermédiaire ; c'est ce que nous avons fait : nous avons donné à ce nouveau genre, le nom de *Sternectopage*.

Afin de rendre aussi sensible que possible, les particularités qui le caractérisent, nous allons les résumer dans un tableau.

STERNECTOPAGE.		
	STERNOPAGE	Thorax double, régulier quant à sa composition : quatre membres thoraciques normalement développés.
	ECTOPAGE	L'une des parois thoraciques ressemblant à une poitrine d'agneau ordinaire, l'autre ayant l'apparence d'un dos : deux membres thoraciques bien placés quoique n'appartenant pas au même individu, les deux autres portés supérieurement au contact sur la ligne médiane.
	CARACTÈRES intermédiaires	L'un des sujets regarde dans la direction de l'axe d'union, l'autre tourne la tête du côté de la poitrine bien conformée : deux membres thoraciques portés au contact mais non soudés.

En résumé, l'agneau envoyé à notre Société par M. J. Berdoulat est, comme nous le disions en commençant, un des plus rares et des plus intéressants, car indépendamment de ce qu'il nous a fourni l'occasion d'apporter de nouvelles preuves en faveur des grandes lois tératologiques et surtout de celles connues sous les noms d'union similaire, d'affinité de soi pour soi, il nous a permis d'enrichir la science d'un genre nouveau.

Mais décrire un monstre, rechercher s'il confirme les lois tératologiques et enfin le classer, tout cela ne doit plus avoir qu'un intérêt secondaire, car les êtres monstrueux et anormaux sont réhabilités, qu'on nous permette le mot, et connus dans leurs lois.

Il est des enseignements d'une bien plus grande importance que le naturaliste peut tirer des déviations des types spécifiques que la nature vient de temps en temps offrir à ses méditations : Nous voulons parler de ceux que contiennent les causes des aberrations génésiques pour l'explication des merveilleux phénomènes de la reproduction normale.

L'importance de l'étude de ces causes a été comprise depuis longtemps et bien des savants ont cherché à les dévoiler ; mais les travaux qu'ils nous ont laissés à cet égard n'ont guère éclairé l'étiologie tératologique et cela parce que dans leurs recherches ils se sont laissés guider par les idées qui régnaient sur les fonctions de reproduction.

Ainsi dans l'antiquité on admettait que les anomalies graves ou simples étaient dues à un excès ou à une trop petite quantité de semence, ou bien à des troubles dans la gestation.

Dans le moyen âge, alors que l'on était dominé par toutes sortes de superstitions, on les attribua à la vengeance divine, à l'action du démon ou à des accouplements contre nature.

Vers le milieu de la renaissance et aussi à l'époque moderne, on en chercha l'explication dans des germes primitivement monstrueux et dans des troubles fonctionnels.

Et enfin de nos jours on pense que les êtres simples anormaux ou monstrueux doivent être attribués : à l'hérédité, à un arrêt ou à un excès de développement ou de formation, à une maladie de l'embryon, à une gestation troublée et à une modification de la cicatricule ; et que les montres composés résultent de deux ou plusieurs embryons qui se sont développés au contact dans des enveloppes communes et dont les parties homologues se sont soudées sur certains points.

Nous allons examiner rapidement les causes invoquées par la science contemporaine pour nous éclairer sur les faits tératologiques. Quant aux autres, nous les laisserons de côté, car elles n'ont de l'intérêt qu'au point de vue historique.

La première des causes dont nous ayons à rechercher la valeur c'est l'hérédité. Par hérédité on exprime en physiologie ce fait remarquable, c'est que les parents transmettent par la génération, à leurs descendants, les particularités anatomiques normales, anormales ou pathologiques, congénitales et quelquefois même accidentelles qui les caractérisent. Il nous paraît superflu de démontrer l'exactitude de ce fait. Qu'il nous suffise de rappeler que c'est grâce à l'hérédité que nous avons pu perpétuer certaines déviations des types spécifiques utiles pour nous, et constituer ainsi nos races d'animaux domestiques ; que les sexdigitaires transmettent à leurs enfants, avec une régularité remarquable, l'anomalie dont ils sont atteints ; qu'enfin un grand nombre de maladies parmi lesquelles nous citerons la phthysie pulmonaire, le cancer, la folie sont aussi transmises par les parents à leur progéniture.

Nous comprenons, dès lors, très-bien que par l'hérédité les anomalies puissent se propager ; mais nous ne pouvons la considérer comme une des causes primordiales des déviations des types spécifiques. Pour l'envisager à ce point de vue, il faudrait qu'exagérant le système de certains Darwinistes, nous renfermions ces causes dans l'*atavisme*, c'est-à-dire dans cette hérédité lointaine qui, après être restée latente durant un nombre plus ou moins grand de générations, se réveille tout-à-coup et se révèle à nous en reproduisant chez un être des organes ou des particularités anatomiques qui existaient chez ses ancêtres spécifiques ou inférieurs. C'est en effet, par l'atavisme que les partisans du transformisme expliquent chez l'espèce humaine l'augmentation du nombre des mamelles, des dents, des vertèbres, etc.

Si nous ne pouvons, dans l'état actuel de la science, considérer l'hérédité comme une cause primordiale des anomalies et des monstruosités, nous devons cependant l'examiner attentivement, car elle contient de précieux renseignements sur ces causes.

La génération étant basée sur la matière et nullement sur des forces occultes, il est clair que si le père et la mère peuvent transmettre à leurs enfants leurs particularités organiques, c'est parce que les corps reproducteurs, *(œufs et spermatozoïdes)* sont susceptibles de subir certaines variations dans le nombre et dans la nature de leurs matériaux constituants. Or, ce fait semble avoir été ignoré par ceux qui se sont occupés d'étiologie tératologique. Ainsi quand on a voulu expliquer l'augmentation ou la diminution du nombre de certains organes, on a invoqué un excès ou un arrêt de formation ou de développement. On a donné par là à entendre que le contenu de l'œuf ne variait pas, qu'il ne pouvait y avoir de variations, de modifications que dans son développement.

Et ce qui prouve qu'il en est bien ainsi, c'est que les troubles survenus pendant la grossesse ou la formation de la cicatricule, ont été donnés comme causes déterminantes de ce que l'on appelle des excès et des arrêts de développement et de formation.

Nous sommes bien loin de mettre en doute les funestes effets d'une grossesse troublée et d'un vice de conformation de la cicatricule : ce que nous voulons prouver c'est que l'œuf n'est pas toujours identique dans sa composition.

L'arrêt et l'excès de formation et de développement ne peuvent, d'ailleurs, jeter aucun jour sur les problèmes dont nous poursuivons la solution, car par ces mots on se borne à constater des états particuliers embryogéniques sans en indiquer les causes.

Quant aux maladies de l'embryon, nous ne doutons pas qu'elles ne puissent déterminer des anomalies et même des monstruosités.

Telles sont, en définitive, les causes invoquées de nos jours pour l'explication des anomalies et des monstruosités simples. Examinons maintenant celles qui ont trait aux monstres composés.

Ces derniers monstres sont, comme nous l'avons dit, attribués à deux ou plusieurs embryons qui se développeraient dans des enveloppes communes.

Quand on se trouve en présence d'un monstre composé parfaitement double d'un *pygopage*, d'un *sternopage*, d'un *ectopage* et nous pouvons ajouter à présent d'un *sternectopage*, il semble que l'on ne doive pas hésiter à admettre que deux embryons distincts sont nécessaires pour la production de pareils monstres.

Mais si au lieu de considérer ces monstres isolément, on n'arrive à eux qu'après avoir suivi pas à pas la marche des déviations des types spécifiques et avoir constaté qu'en tératologie, comme chez les êtres normaux, *natura non facit saltum*, on se prend à douter de l'hypothèse des embryons indépendants et l'on se trouve naturellement porté à rechercher une autre explication des monstres composés.

Peut-on admettre, en effet, que deux embryons indépendants soient nécessaires pour former un individu ayant un membre supplémentaire (mélomèle) ou bien deux têtes (bicéphale)? Et que seraient devenues les autres parties de l'embryon qui se trouverait réduit à un seul membre ou à une seule tête ? Si on nous répondait que ces parties n'existaient pas, nous demanderions si l'on peut regarder comme un embryon un membre ou une tête.

Des refléxions tout à fait semblables peuvent et doivent être faites à l'égard des monstres triples, quadruples, et, ici elles acquièrent une bien plus grande force, car pour la formation d'un tricéphale, par exemple, il faudrait que deux embryons n'ayant que la tête, se fussent développés au contact d'un embryon parfait.

Et puis comment se produiraient ces embryons dépourvus d'enveloppes propres ?

Inutile d'insister sur cette théorie de la production des monstres composés ; le peu que nous en avons dit suffit, pensons-nous, pour prouver qu'elle ne peut plus être scientifiquement soutenue.

Pénétré de cette idée que l'étiologie tératologique offre un vaste champ d'études dans lequel l'on peut faire de riches moissons, désireux de contribuer dans la limite de nos forces au progrès de cette branche de la science, nous avons entrepris des recherches qui nous ont amené à penser que, à part les accidents qui peuvent troubler l'œuf dans sa formation et dans son développement, les déviations des types spécifiques devraient être attribuées à des variations que subiraient les corps reproducteurs (*œufs et spermatozoïdes*), soit dans la quantité, soit dans la nature de leurs matériaux constituants ; que la fécondation elle-même pouvait produire ces variations.

Cette manière d'expliquer la formation des anomalies et des monstruosités soulève une question capitale que nous ne pouvons laisser sans réponse, cette question est celle-ci :

Comment se développeraient les œufs anormaux ?

Nous n'avons rien à dire des œufs qui seraient incomplets :

ils se développeraient comme ceux qui sont normaux, à l'excep-
tion bien entendu des parties manquantes.

Quant aux œufs qui contiendraient plus de matériaux qu'il
n'en faut pour produire un nouvel individu, les principes constituants en excès se réuniraient à ceux de même nature pour
former des centres d'évolution anormaux ou monstrueux, ou
bien s'organiseraient isolément d'après les lois de l'embryogénie
normale, et nous obtiendrions ainsi, suivant la nature, et le
mode d'union des matériaux en excès, soit de simples organes
supplémentaires, soit des monstres doubles, triples, etc. La
monstruosité ou l'anomalie, d'après nous, apparaîtrait avec les
centres d'évolution dans le blastème primitif et ne se produirait
pas pendant le développement de l'œuf, sauf bien entendu les
exceptions que nous avons admises.

La théorie que nous proposons ne permet pas d'établir comme
l'a fait Isidore Geoffroy Saint-Hilaire, une ligne de démarcation
entre les anomalies par augmentation du nombre de certains
organes et les monstres considérés par lui comme composés,
car les individus ayant six doigts ou des mamelles supplémentaires, devraient leurs anomalies à un excès de matériaux
exactement comme les monstres doubles, triples, etc., et il
n'existerait entre ces anomalies et ces monstruosités qu'une diffé-
rence dans la quantité et la nature des matériaux en excès,
mais la cause serait la même.

Toutefois on pourrait conserver dans les classifications les
termes de monstres composés, mais à la condition de n'admettre
comme tels que ceux qui comme les sternopages, les sternec-
topages, les ectopages, etc., présenteraient deux organismes
plus ou moins complets, réunis par quelques-unes de leurs
parties et possédant les organes essentiels de l'individualité.

Il résulte de ce que nous venons de dire que l'œuf fécondé
serait un corps variable dans sa composition. Si généralement
il est la synthèse d'un seul individu, s'il ne contient que ce qui
est nécessaire pour produire un être normal, dans certaines
circonstances ses principes constituants éprouveraient des variations soit au point de vue de leur quantité, soit sous le rapport

de leur nature , et ainsi il donnerait naissance à un être anormal
ou monstrueux.

Nos idées diffèrent de celles qui sont généralement admises,
en ce que nous expliquons les aberrations génésiques qui n'ont
pas pour cause des troubles survenus pendant la formation ou
le développement de l'œuf , non par des arrêts et des excès de
formation et de développement, non par des embryons multiples
et d'abord indépendants, mais par un seul œuf primitivement
anormal.

Cette théorie dont nous nous bornons aujourd'hui à jeter les
bases, nous aurons l'honneur de la développer devant vous,
lorsque, ce qui ne tardera pas, nous vous exposerons quelques
idées que nous croyons neuves sur les fonctions de reproduction
considérées d'une manière générale.

Toulouse, Impr. Louis & Jean-Matthieu Douladoure.

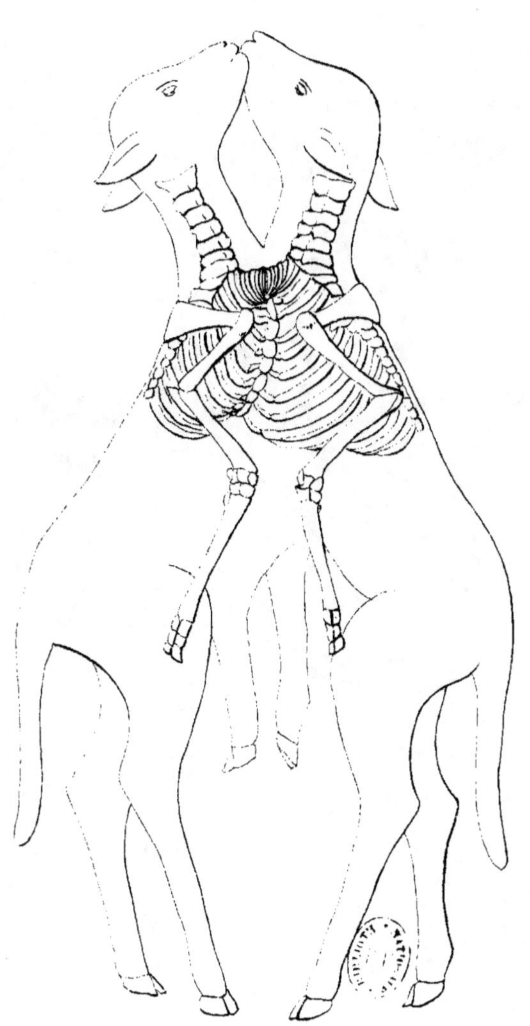

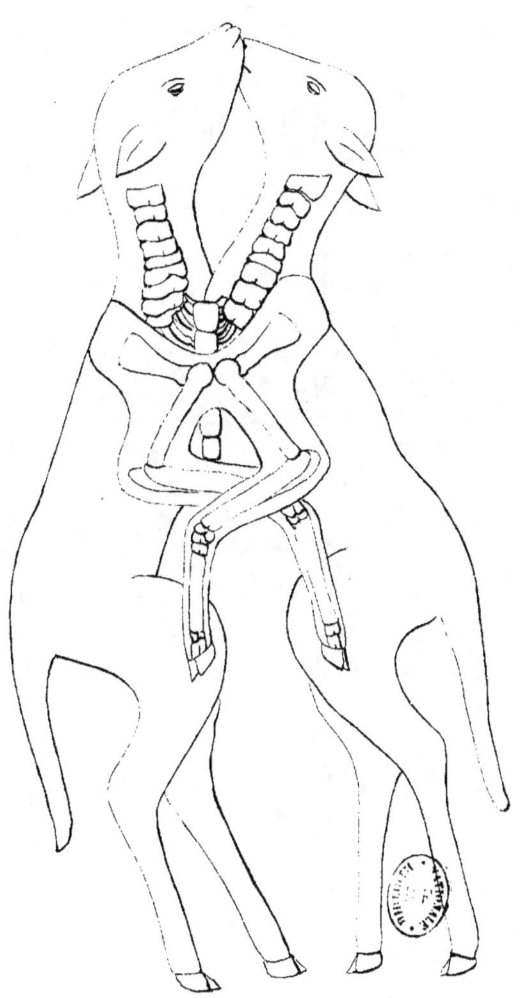

Fig . 2